水和能源

[英] 飞利普·斯蒂尔 著
王鹏 陈实 译

科学普及出版社
·北京·

图书在版编目(CIP)数据

水和能源 / (英) 斯蒂尔著；王鹏，陈实译
—北京：科学普及出版社，2013
(发现身边的世界)
ISBN 978-7-110-08064-1

Ⅰ. ①水… Ⅱ. ①斯… ②王… ③陈… Ⅲ. ①水—青年读物②水—少年读物③能源—青年读物④能源—少年读物 Ⅳ. ①P33-49②TK01-49

中国版本图书馆CIP数据核字(2013)第020922号

出版人 苏 青
策划编辑 肖 叶
责任编辑 郭 璟 齐 宇
封面设计 阳 光
责任校对 张林娜
责任印制 马宇晨
法律顾问 宋润君

科学普及出版社出版
北京市海淀区中关村南大街16号 邮政编码:100081
电话:010-62173865 传真:010-62179148
http://www.cspbooks.com.cn
科学普及出版社发行部发行
北京盛通印刷股份有限公司印刷
*
开本:630毫米×965毫米 1/12 印张:2 字数:50千字
2013年4月第1版 2013年4月第1次印刷
ISBN 978-7-110-08064-1/P·124
印数:1—10000册 定价:10.00元

(凡购买本社的图书，如有缺页、倒页、脱页者，本社发行部负责调换)

目 录

你要节约呀！

在家时，有人不停地告诉你不要浪费东西吗？如果我们每个人都开始节约而不是浪费，那我们的世界会发生很大的变化。

我们应该节约什么？

首先是我们赖以生存的水。我们还要减少使用燃料加热室内温度或驱动汽车。石油、在燃气和煤炭等燃料也常常用来发电。减少电的使用，也可以帮助节约这些资源。

森林对地球的健康发展非常重要，我们也要保护森林。

你问我答

像关灯这种微小的改变能起很大的作用吗？

是的，小的改变就能产生很大的作用。如果地球上的每个人都能在资源消耗时稍微注意一点就能帮很大的忙了。在资源耗尽之前我们要找出各种保护地球的方法。

我们为什么要担心浪费？

我们消耗的能源是100年前的三倍，这意味着地球的能源将会消耗殆尽，更多的树木会遭到破坏。

词语解释

资　源

天然资源包括水、森林、煤炭、石油和天然气等。

宝贵的水

和所有生物一样，人类也需要喝水才能生存。我们还需要用水洗澡、洗衣服、刷盘子、打扫房间和擦车子等等。

我们还可以用水做什么？

我们用大量的水帮助庄稼生长。你知道要生产1千克的小麦要消耗1000升的水吗？

工厂也需要消耗大量的水，比如造纸厂等。

水来自哪里?

地球有很多的水资源，但是大部分都是咸咸的海水，是不可以饮用的。很多海水都是冰。只有一小部分的地球水资源是可以供人类使用的。

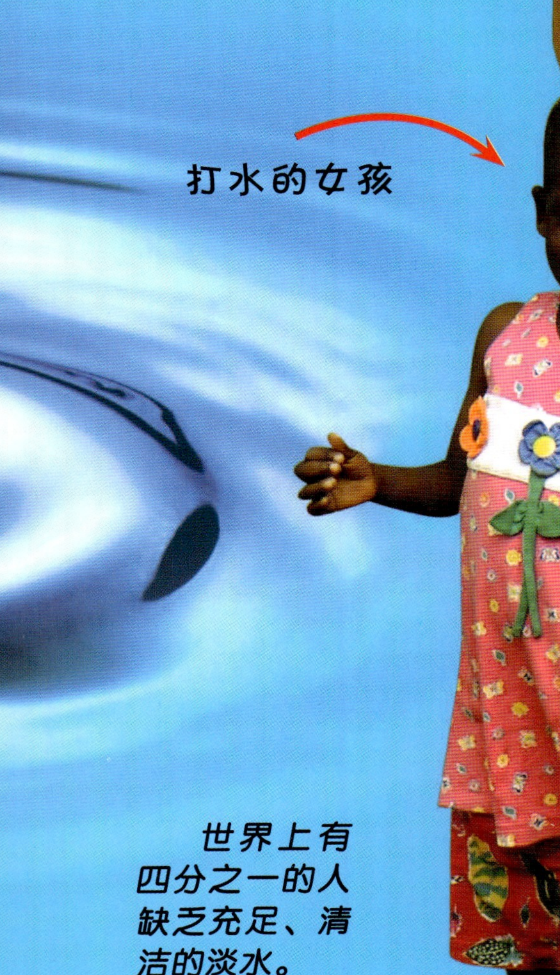

打水的女孩

世界上有四分之一的人缺乏充足、清洁的淡水。

你问我答

怎样节约用水呢?

节约用水很容易。拧紧滴水的水龙头，多淋浴，少泡澡。如果需要使用热水，用盆接住开始还不太热的水，这些水可以用来浇花。

你用自来水吗?

在世界上的很多地方，水都不是直接送入人们家里的。人们必须去河里或者井里挑水。在其他国家，水被存储在蓄水池里，过滤后用水泵送入千家万户。

什么是能量？

简单的说，能量是让某物运转或某件事发生的力量。我们每次发动汽车或者启动电脑时都需要能量。我们可以通过燃烧木头、植物原料或垃圾等燃料得到能量。我们可以挖掘储存在地下的煤炭、天燃气或石油等能源。

火力发电站

发电站的工作原理是什么？

在很多**发电站**里，燃料的热量被用来将水变为蒸汽，蒸汽推动**涡轮机**旋转发电。

燃烧木头可以产生热量，但是同时产生的烟雾也会造成污染。

燃料会影响我们的地球吗?

燃烧燃料会用完地球的资源。减少使用燃料，我们就可以节约这些资源。一些燃料还会释放污染空气的有害气体。原子核燃料会释放危险的放射物质。

你问我答

怎样将电从发电站运送到住宅?

电通过电缆和电线送入住宅。电缆悬挂在电线杆上或者通过地下传输。另一方面，在你的家里，细一点的电线将电送入你的电视机或者其他电器。

词语解释

原子核燃料
例如铀等金属可以通过改变它的结构来产生热量。

来自土地和水的能量

当我们燃烧木头或煤炭的时候，它们的能量将会一次用尽。另一些能量可以被反复利用，它们被称为可再生能源。一些发电站可以利用地球深层的自然热源来发电，被称为**地热发电**。

地球的中心是非常非常热的——热得足以熔化岩石。地热发电站利用这些热能将其转换为电能。

怎样从水中获得能量？

奔腾的水流也可以推动涡轮机，这种方式叫做水力发电。瀑布或者水坝的河水都可以用来发电。

你问我答

我们可以利用海洋发电吗？

潮汐和洋流也可以推动涡轮机发电。我们也可以利用波浪的能量。波浪可以使事物上下波动，有一种涡轮机可以将这种特性转换为能量。

什么是波能？

只要有风和水就有波，它们也是充满能量的。我们利用特殊的机器收集这些能量推动涡轮机。

风和太阳

风能和太阳能都是天然可再生能源，它们都是清洁、安全的能源。

我们怎样利用风能？

在古代，人们用风车来碾磨谷物或抽水。如今我们把它改造成涡轮机来发电。

我们可以在一个空旷的空地上放置很多风力涡轮机，叫做风电场。一个小型的风力涡轮机可以为一个家庭提供能量。

风力涡轮机可以在10～90千米/时的风速之间工作。

太阳已经为地球提供了46亿年的能量。

我们怎样利用太阳能？

太阳的热量可以提供太阳能。发电站可以利用太阳能来发电。

你问我答

为什么太阳能比石油和煤炭等能源更清洁呢？

燃烧石油或煤炭会将烟雾和其他物质释放到大气中。其中有些物质对人类或地球是有危害的。太阳能不会释放这些有害物质，因此它是清洁能源。

什么是太阳能板？

人们在建筑物的屋顶安装的特殊面板就是太阳能板。一些太阳能板可以为家庭加热水温。其他的太阳能板连接着太阳能电池，可以将阳光转化为有用的电能。

太阳能板

我们能在家庭生活中节约能源吗？

在寒冷的天气里，你会想尽办法把自己裹起来保暖，比如穿上一层又一层的衣服来为身体保温，这就叫做隔热。房屋也需要隔热，这样热量就能被保存下来，不会流失了。

怎样为房屋保温？

双层墙壁可以保存房屋的热量。两层玻璃的窗户保温效果好，这叫做双层玻璃窗。

双层玻璃窗

词语解释

隔热材料

任何可以降低温度变化速度的材料。

为阁楼添加隔热层，防止热量从屋顶流失。

节能电灯泡

这种电灯泡的设计目的就是为了减少电量的使用，它们自身的使用寿命也比一般的灯泡更长。

你问我答

隔热能起作用吗？

在多数房间里，几乎一大半的热量会通过屋顶和墙壁流失，隔热做好了能减少能量的消耗。减少能量消耗不仅可以节约地球资源，而且能帮助你的家庭节省开支。

我们怎样保持房屋的凉爽？

夏天，房屋需要保持凉爽。空调要消耗很多能量，电风扇的能量消耗稍微少一些，但是最好的还是自然风的空气流通。让自然风吹进房间吧！

居家节能

我们每天在家做的很多事儿都会消耗大量的能量。所以我们要改变生活方式！

怎样在床上舒服地待着？

即使寒冷，也没必要整晚都开着暖气。在被子上多搭一条毯子裹住自己保温就好。

浴室里

不要开着水龙头洗漱。泡澡时少用一点水，或者简单淋浴一下吧。

洗衣服

开启洗衣机的节水设置。少数几件衣服就手洗吧。挂在晾衣绳上晾干衣服，这样就不需要用甩干机了。

节约用电

很多家庭有很多的电子产品，例如电视和电脑。如果不使用它们，一定要记得关闭电源，不要让它们保持待机状态。有一些插头有定时装置，它可以减少电量的浪费。

你问我答

我还能怎样节约资源呢?

想想你在家里是怎样使用物品的。盛一盆水来洗碗而不要开着的水龙头洗碗。多穿几件衣服而不要一直开着暖风。

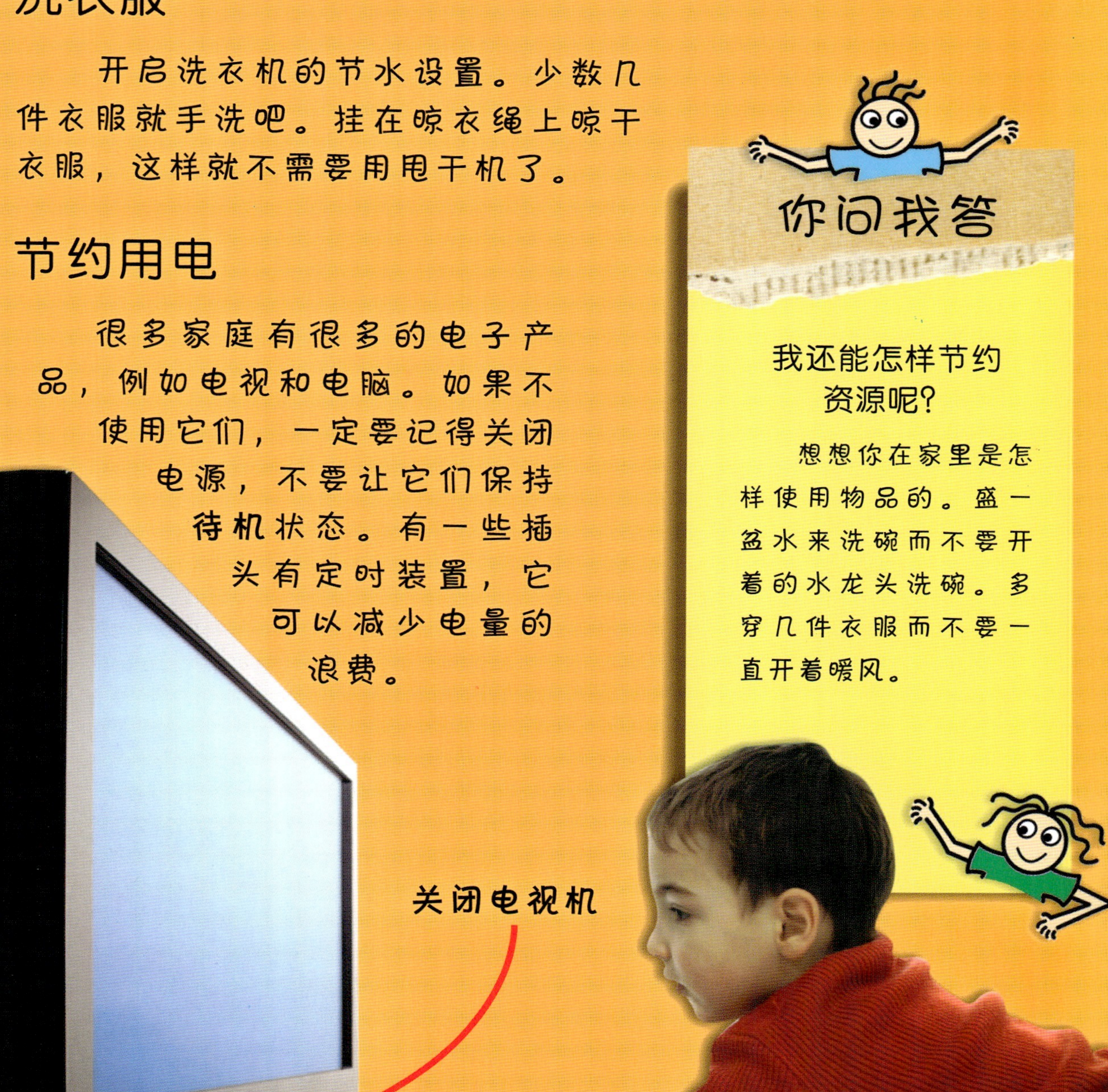

出行节能

步行或者骑车上学是很好的。我们的身体就可以为步行和骑车提供能量。其他出行方式都要燃烧石油或者消耗电量，这些都要消耗宝贵的资源。

骑自行车

马路上汽车排放的气体会污染空气。

汽车怎样节约燃料？

一些车型会消耗很多的汽油，但是有一些车型却很省油。保持中速驾车也可以节省燃料。

词语解释

公共交通工具

一次能运送很多人的交通工具，例如公共汽车或者火车。

为什么乘坐公共汽车和火车很好？

公共交通工具也要消耗燃料，但是一次可以运送很多乘客。如果更多的人乘坐公共汽车和火车，马路上的汽车会减少很多。

你问我答

业余时间做什么？

不会消耗能源的爱好不仅可以节约能源，还能够锻炼身体保持健康，比如体操、跑步或者跳舞。还有，在本地度假会比远足旅行减少许多燃料的消耗噢。

与自驾车相比，人们更愿意乘坐（像日本新干线这样的）高速列车一类的公共交通工具出行。

什么是回收利用？

我们使用的很多产品可以在破损或用完后制成新的物品。从报废汽车上取下的金属可以制成新汽车，这就叫做**回收利用**。

旧汽车上的零件可以在熔化后再次使用。

什么东西可以回收利用？

我们可以回收利用纸张、易拉罐、玻璃、塑料、破布、木头和电子产品，可以回收利用的物品使用不同的回收箱分类存放，然后我们可以把这些物品送到回收中心。

花园的回收利用

如果你们家有花园或庭院，可以回收植物性物质制成混合肥料。

混合肥料是腐烂的植物性物质，这样做可以把植物中的营养成分回归土壤。你可以把水果和蔬菜的皮制成肥料。

种东西的同时，还要在土壤中施肥。

我怎么知道我可以回收什么？

许多东西都有可回收标志，这说明这些东西是由可回收利用的材料制成的。尽量把这些用完了的东西送到你附近的回收中心去。

水可以回收利用吗？

是的。可以用洗澡水灌溉花园。洗澡后，把水放凉，然后装进桶里去浇院子。你也可以用大水桶收集雨水，不过要确保水桶有可以盖严的盖子，这样小动物才不会掉进去。

帮助世界

你知道在你的城市节约出来的能源和水可以帮助全世界的人民吗？每个人都应该节约能源。

词语解释

气候
天气的典型特点，需要长时间的记录。

什么是全球变暖？

交通、发电站、工厂和大型农场的排放物会污染空气，这些气体充斥着整个地球。它们能使温度上升，造成**全球变暖**。

什么是气候变化？

全球变暖已经改变了世界的气候。有些地方将来会经常出现暴风雨等恶劣天气，变得更加潮湿；而另一地方会变得越来越干燥，因为缺少雨水而经常出现沙尘天气。

干涸的河床

净化地球

一些组织致力于净化我们的地球，还有一些组织为人们提供清洁的水资源。上面图中的女士正在植树。树木可以保持土壤中的水分，帮助净化空气。

你问我答

我能为保护环境做些什么？

如果你能照着本书的提示去做，你就已经开始保护环境了。用电或其他燃料时要注意节约，想一想有没有减少消耗的方法，并且尽可能地重复使用资源。

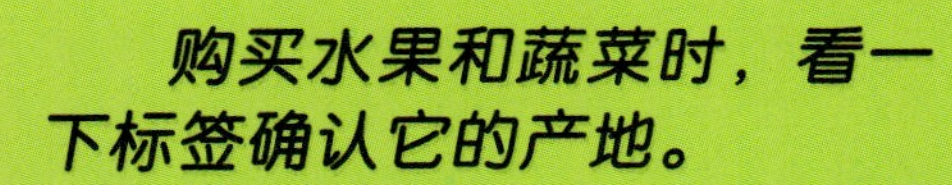

购买水果和蔬菜时，看一下标签确认它的产地。

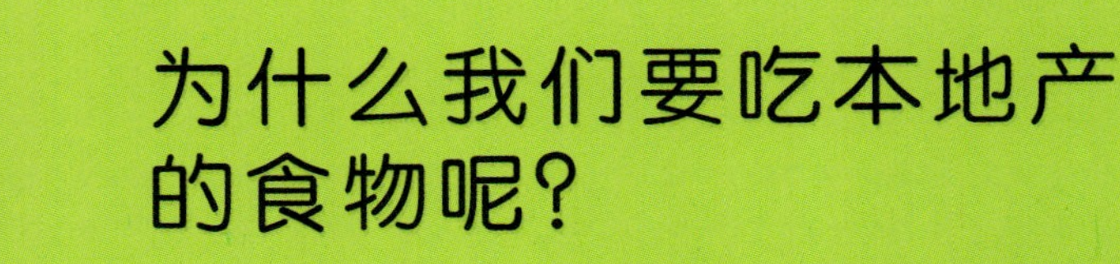

为什么我们要吃本地产的食物呢？

超市里出售来自世界各地的食物。这些食物要经过卡车、轮船或者飞机的长途运输，这都需要消耗燃料。如果我们尽量选择本地产的食物，就可以减少运输过程中消耗的燃料和能源，就能为净化世界出一份力。

词汇表

宝贵：
很重要或者很值钱。

待机：
电器的一种状态，该状态下电器没有完全关闭可以重新启动。

地热：
地球内部的热量。

发电站：
用于发电的大工厂。

放射：
放出的光线，例如灯光或热。一些核反应堆中的放射物质可能是有害的。

过滤：
将杂质与液体（例如水）分离。

环境：
我们周围的世界，包括陆地、海洋、空气和生物。

回收利用：
处理破烂或抛弃的物品，使它们可以再次使用。

空气流通：
空气在房屋等室内空间流动。

全球变暖：
地球温度升高。

水力发电：
利用水流发电。

涡轮机：
一种可以发电的旋转发动机。

污染：
废物或化学物质对陆地、海洋或空气的危害。

蓄水池：
水库或储水池，用来储存水等液体。